~新人事制度の取り組みでわかった九つのポイント~

組織を変える変化のすすめ

JA東京中央　槌谷 滋

はじめに

職場の会議等で「こんな組織になったらいいね」といった理想が話題になることがある。理想を語りあうことは、大変素晴らしいことであり、モチベーションを高めてくれるものである。しかし、実際に理想を実現することはなかなかむずかしい。

ＪＡ職員の中には、理想と現実のギャップに悩み、モチベーションが上がらない方もいるかもしれない。重要なことは、現実が理想の姿とかけ離れていることを悲観するのではなく、組織や自分自身を理想の姿に近づけていく「変化」を続けることではないだろうか。

私は、当時係長の立場であったが、様々な方からの協力を得ながら、人事制度改革の発案・設計担当者として、人事制度の変更という「変化」を行った。

本書では当事例をもとにして、ＪＡグループに必要な「変化のすすめ」をお伝えしたいと思う。

ＪＡグループの将来を担う中堅・若手職員を中心に、「変化」の手がかりになれば幸いである。

目次

第1章

心構え

1　私の経歴

私は、平成一九年に東京中央農業協同組合（以下ＪＡ東京中央）に入職した。入職してからは、大田区にある職員一五人ほどの矢口支店で一年間の金融窓口業務を経て、業務推進係（営業職）として六年間従事した。この間、組合員、職員はもとより、地域の利用者のみなさまに支えていただきながら日々の業務に取り組んでいた。

ＪＡの総合事業は、貯金、共済、資金融資、資産管理、農業支援といった様々な事業で利用者の生活をトータルにサポートができる。なかでも、私の携わる業務推進係は、ＪＡのメリットを生かして、「人のため」になる仕事をするにはうってつけの業務である。当時の私は、資金の悩み、保障の悩み、相続の悩み、営農の悩み、事業の悩みといったお客様の抱える様々な悩みごとに対して、「自分ができることは何か？」と考えながら、お客様との良好な関係を築き、「一日でも早く悩みを解決できるようになりたい」、「人のためになりたい」と考えながら業務に従事していた。プロフェッショナルとして、「人のため」になるようなことをするには、ただ想いがあればいいというわけではない。例えば、ＪＡ東京中央における農地の保全等も含めた総合的な財産管理のコンサルティング業務を行うには、圧倒的な技能と経験が必要になる。

この技能・経験面がなかなか追いつかず、結果としてお客様の期待に応えられず、お叱りをいただくこともあった。今振り返ってみても未熟だったと感じることもある。

業務推進係として経験を積むうちに理想と現実のギャップで悩むこともあったが、時にはお客様から感謝の言葉をいただくこともあった。なにより、ＪＡ東京中央の業務を幅広く知るための勉強になった。そんなことにやりがいを感じていた。

七年間の支店勤務後、平成二六年から本店人事課に所属している。八年にわたる勤務期間中に、新卒採用、中途採用、人材教育、給与計算、社会保険料計算、配置、決算関連、人事制度運用等の人事課に関する業務を一通り担当してきた。どれも業務の内容がまったく異なるため、あれもこれもと行うのはとても大変だった。しかし、結果としてこの経験が大きく自分の視野を広げてくれたことは確かだと思う。

振り返ってみると、一五年近くのキャリアで主に業務推進と人事という二つの部署を経験してきたことになる。たった二つの部署ではあるが、それでも、所属部署内でできる限り多岐にわたる経験を重ね、各業務を深堀してきた。この経験と深堀こそ、これから紹介する人事制度の変更という大きな「変化」を起こす行動につながってくるのである。

本書のベースとなる「変化」を見いだすきっかけを与えてくれた組合員の方々や上司にはたいへん感謝している。

2　総合事業の業務はむずかしい

ＪＡの業務はむずかしい。組合員の相談業務（貯金、共済、資金融資、資産管理、農業支援等）は、相手の課題解決まで提案できるようにならなければいけない。また、経営管理部門（事業戦略構築、人事戦略構築、運営管理、店舗運営等）では、組織自体の課題解決のための施策を考えて実行できるようにならなければならない。

ここで求められる能力としては、コミュニケーション力・金融知識・保険知識・不動産知識・農業知識・店舗運営ノウハウ・マーケティング力・企画力・法律知識・財務会計知識・管理会計知識・税務会計知識等である。いずれも高いレベルで要求されるため、一筋縄ではいかない。しかし、時間をかけて習熟していくことこそ、ＪＡの仕事の醍醐味でありやりがいである。

若い職員からは「ＪＡの仕事は簡単だ」「張り合いがなくつまらない」といった声を聞くことがある。ＪＡの仕事はむずかしいはずである。

それにもかかわらず、「ＪＡの仕事は簡単だ」と感じているのであれば、単に仕事の深堀ができていないだけかもしれない。

そもそも、ＪＡの仕事のむずかしさを実感できていないということではないだろうか。とてももったいなことだと思う。

自らの経験を踏まえていえば、若い職員は、できるだけ様々な経験をしてほしい。若い職員は、自分では気付いていない可能性を持っている。若いうちから「こんなもの」と線を引いて、未知の可能性をつぶさないでほしい。様々なことにチャレンジして業務を深堀し、悩みながらも日々経験を積んでほしい。意識のレベルを常に向上させるように「変化」を続けていてほしい。それが、自身のキャリアの形成に大きく影響してくることになる。難易度が高くてもやりがいが持てるＪＡ業務の深みにいつかは必ず到達してほしい。

３　キャリア観の変化と社会の変化

人事制度の変更事例を紹介する前に、キャリア観の変化と社会の変化について少し触れておきたい。キャリア観や社会の変容が、企業の人事制度のあり方にも大きく影響するからである。

突然だが、皆さんは「計画された偶発性理論」という言葉を聞いたことがあるだろうか？あまり聞き慣れない言葉かもしれないが、スタンフォード大学のクランボルツ教授が、成功したビジネスパーソンのキャリアの調査を重ね、提案したキャリア論である。この理論は、近年キャリアデザイン学において非常に注目されている。

簡単に説明すると、「個人のキャリアは目標通りに進むことはあまりなく、およそ八割は予想しない偶発的なものによって決定される。だからこそ、その偶然を計画的に設計し、自分のキャリアをよくしていこう。そして、その偶然は好奇心・持続性・柔軟性・楽観性・冒険心がある人に訪れやすい」、「キャリアは偶然によって決まることが多いが、結果として、自分にとってプラスになる偶然は前向きな行動や考え方を持っている人に起こりやすい」ということである。

説明だけ読むと、自分のキャリアが外的要因で決まるのであれば、「自分でキャリアプランを描いたり、努力すること自体が無駄なのか」と感じるかもしれない。本意は、「自分でキャリアプランを考えて、努力したり前向きな行動をとることは必要だが、一度決めた長期的なキャリア目標にこだわりすぎてはいけない」ということである。

目標に固執して可能性を狭めるより、目の前のチャンスに気付けることがキャリアの成功につながるとされている。目標の持ち方の一例として、リーダーシップを発揮したいと考えている人がいた場合、「絶対に○○部の部長になる」という目標を立てるより、「将来はマネージャー職になって、マネジメント業務をしたい」というように、広く目標を設定した方が様々な状況変化に対応しやすくなる。

社会環境の変化が激しい時代において、未来がどのように変化するかを予測することは大変むずかしい。このような状況の中で、社会や企業の状況は個人の意思でコントロールできるものではないはずである。このような時代は、「長期的かつ特定の目的意識に固執しすぎると、目前の想定外のチャンスを見逃しかねない」ということになる。

キャリアプランといえば、将来の目標を明確に定め、それに向かってキャリアを積み重ねていくということが一般的であった。しかし、変化の激しい時代において、将来の社会や企業の状況は個人の意思で予想できる部分は少なく、従来のキャリアプランの立て方は、効果的とは言えなくなってきている。長期的な目的意識にこだわりすぎてしまうと、いざそれが叶わなくなった時に、モチベーションを大きく落としてしまいかねないのである。

近年、目まぐるしい社会変化の中で、企業のあり方や個人のあり方も大きく変化を遂げている。このような状況になることを正確に予想できていた人は、ほとんどいなかったのではないだろうか。それほど予測困難な事態となっている。参考までに、ここ一〇年で大きく変わったことの中で、私なりにＪＡの業務に関連性があることについて、いくつかピックアップしてみよう。

・農協改革

農協が、農業者の協同組織であるという原点に立ち返って、地域農業者と手を携えて、農業所得の向上に全力を挙げてもらうことを目的としたＪＡグループ自体の構造の変化。具体的内容としてはＪＡ全中の社団法人化、全農の株式会社化、単協の自己改革の実践等。

・フィンテックの発展

フィンテックの発展により、従来の店舗型金融機関の存在価値自体が相対的に低下してきている。店舗型経営を縮小するか、独自のサービス提供を考える等の変化が求められている。

・ＡＩの発展

ＡＩの発展により、今後、主に単純作業を中心とした多くの仕事が、ＡＩによって代替されることが予想されている。

・インターネットの発展

インターネットの発展により、多くの人が、これまでより簡単に情報を得ることが可能となった。相談業務を行う際には、インターネットでは得られない価値を提供しなければならなくなっている。

・雇用環境の変化

働き方改革等を中心として、これまでの雇用の常識が大きく変化している。企業も個人も意識変化を求められている。

・新型コロナウイルス

未知のウイルスの蔓延により社会経済活動・人々の生活に大きな変化をもたらした。

他にもまだまだあるが、自分がＪＡの業務を行うなかで感じたことは、おおよそこのような変化である。一〇年という短期間でもこれだけの状況変化があり、一〇年前の常識や考え方がまったく通用しない状況になっているのである。

社会は大きく変化し続けていく。変化に適応するために企業も様々な変化を遂げていくだろう。それが、個人のキャリア観として将来の明確な目標は定めず、現在に焦点を置いて考える「計画された偶発性理論」が、注目される理由である。

ＪＡとしても、社会の変化をしっかりと受け止めたうえで、組織として柔軟に対応して、様々な変化（人事制度の変化、事業戦略の変化、経営管理の変化等）に取り組んでいかなければならない。そのためには、ＪＡの職員も将来の明確な目標より、現在に焦点を置いてキャリアを考える「計画された偶発性理論」のようなキャリア観を持った方がいいと思う。

4「目の前の仕事に全力で取り組む」

―キャリア変化を前向きなものにしよう―

ここでは、「計画された偶発性理論」について、私なりの解釈でもう少し詳しく紹介したい。

■計画された偶発性理論の要点

① 予期していない出来事がキャリアを左右する

② 予期していない出来事が起きた時、行動や努力で新たなキャリアが広がる

③ 何かが起きるのを待つのではなく、積極的に行動することでチャンスが増える

計画された偶発性理論によると、個人のキャリアの八割が偶然から生まれるとされている。

しかし、ただ偶然が起きることを待っているだけでは、キャリア形成にはつながらない。予期していない出来事が起きた際に、できるだけの準備をしたり、偶然の出来事に遭遇すべく柔軟に行動したりすることで、チャンスは生まれるものである。要するに、今の状況を受け入れ「目の前の仕事に全力で取り組む」ことが重要である。

私自身のキャリア形成において「計画された偶発性理論」が当てはまることがある。というのも、先に紹介した経歴でも触れたが、私は、業務推進係から人事課へキャリアチェンジしているが、これはまったく自分が望んだものではなかった。そのため人事異動の発表を聞いた時は、まさに自分にとっては想像もしていないことであった。

当時、業務推進担当であった私は、金融・会計等の分野への興味が大きかったこともあり、将来は、お客様の個人資産の相談や法人の決算業務等のいずれかの分野でスペシャリストになりたいと考えていた。専門知識を徹底的に磨いて、得意分野を伸ばしていこうというスタンスであった。あまり得意でない分野はといえば、人材教育、人間関係の構築・調整、人前で話をするなどであった。

しかし、前に述べ通り、人事課では主に新卒採用、中途採用、教育、給与計算、社会保険料の計算、配置、決算関連、人事制度運用等を行っている。ここで求められるスキルは、人材の教育、人間関係の構築・調整、人前で話をするなどである。まさに、自分が得意ではない分野(苦手)としていたことを求められたのである。正直な話、「自分の得意分野が何も生かせない」と、本当に戸惑った。やりがいも、どのように見出していいのか、わからない日々が続いた。

そうは言っても、現状を嘆いていても仕方がないし、周りに迷惑をかけるわけにもいかないので、まずは、目の前の与えられた仕事に前向きな姿勢で精一杯取り組むようにした。一方で、心のどこかでは「この仕事からは何も生まれないかもしれない」と感じていたこともあった。

ところが、それでも変化を受け入れ、日々前向きな姿勢で仕事に取り組み続けていると、だんだんと自分の状況も前向きに変化してくるものである。そうなってくるとモチベーションも維持しやすくなってくる。

具体的には、前向きな姿勢で日々の取り組みを続けると、徐々に現状の課題点に気が付くようになる。さらに続けていくと、今度は具体的な解決策が思い付くようになる。人は取り組みに主体性が持てるとモチベーションが上がりやすい。これらの気付きが出てくれば自ずとモチベーションは向上してくる。例えば、人事課における新卒採用業務を挙げると次のようになる。

ステップ①　まずは、これまでのやり方を把握する。

例　前任者のサポート等をしながら勉強をする。

ステップ②　これまでのやり方を引き継いで、主担当でやってみる。

例　これまでと同じやり方の採用説明会、ウェブサイト募集等を行う。

ステップ③　何回かやってみると、だんだん視野が広くなるため課題を探す。

例　労働市場の研究をする。過去の結果を分析し課題把握をする。

ステップ④　課題解決に向けて具体的な策を考え、実施するようになる。

例　説明会実施方法を変更する。募集媒体を変更する。大学での講義に参加する。

ステップ⑤　さらに、よりよくなるような施策を考えるようになる。

例　採用段階にとどまらず、採用後のフォローの企画を考え実施する。

目の前の仕事に全力で取り組むことで、このようにステップアップしていくことができる。質がステップアップしていけば、一見同じことに取り組んでいるようでも、向き合う姿勢や発揮できるスキルがまったく異なるものになる。私の場合はこのステップを踏んでいく過程で、自分の苦手分野（人材教育、人間関係の構築・調整、人前に立ち話をする等）の克服につながった。

今では、人材の教育、人間関係の重要性、人前に立ち話をすることに苦手意識はなく、むしろこれらのスキルを使って、もっと新しいことに取り組んでいけないかと考えている。

このあと、人事制度の変更事例を紹介するが、そのようなことに取り組もうと考えるようになったことも大きなチャンスをいただけたのも「目の前の仕事に全力で取り組む」ことにより、自分が変化したことから生まれたものである。

このように、自身のキャリアが少し理想とは違っていても、目の前の仕事に全力で取り組むことで、いつの間にか苦手だったことを克服し、新しい自分に出会え、予想もしていなかった大きなチャンスに巡り合えることがある。もちろん大きな目標があることもいい。けれど、それにとらわれず「目の前の仕事に全力で取り組む」、「今を全力でいる」ことは、もっと大事なことだと思う。

第2章

ＪＡ東京中央の人事制度変更

本章では、職場をよりよくしていくための「変化」の実践を紹介したい。具体的な事例として、私が人事課で取り組んできた人事制度変更の事例をもとに説明を進めて行くが、人事に限らずどの部署でも「変化」の取り組みの参考にしていただければ幸いである。

1　制度変更の背景

平成二七年以降、当組合において生産性の高いいわゆる「ハイパフォーマー」とされる人材の退職が続いた。退職の具体的な理由をヒアリングすると、次のような意見であった。

・「登用については、二〇代の内はどんなに頑張ってもほぼ昇格できない。」
（前制度では、原則三〇歳過ぎから役職が付くことについての意見）
・「管理職へは、四〇歳以上にならないとほぼ昇格できない。」
（前制度では、原則四〇歳過ぎから管理職になることについての意見）
・「いくら頑張っても評価されない。」
（前制度では、人事考課は五段階評価だが九割の職員が真ん中の評価に集中していた。また、目標設定や評価基準の設定がないため、人事考課制度があまり機能していないことにつ

いての意見）
・「上司からの面接・期待の伝達・役割分担は一切ない。」
・「とにかく共済の数字だけを追い続けることを求められる。」
（基本的に数字目標だけがおりてきて、後は放置という現状についての意見）
・「上司や同僚がＪＡの将来について悲観的」
（自分の職場や仕事に対してネガティブな発言ばかりが目立つ現状についての意見）
・「あまり成長できる気がしない」
（どのような人材になればいいのか、組織からの発信などが弱いことについての意見）

これらの意見が離職理由であったが、ヒアリングを進めると退職者だけではなく、既存職員の不平・不満にもつながっていたことが判明した。ヒアリングをもとに、旧制度の問題点と今後想定される課題を表で示してみた（次頁）。

表からも明らかなように、「旧制度」をこのまま運用し続けると、ますます厳しい状況になっていくということが想定された。しかし、これは制度が悪いということではない。むしろ「旧制度」については、非常に精緻に構築されており、歴代の担当者の方々が、真摯に制度運用・改善に取り組まれてきたことが感じられるものである。当時の時代背景、内部環境等を考えてみるとベストな制度であったと思う。だからこそ、当組合は、現在までこれだけの体制を維持できてきたのだと思う。とはいえ、実際に離職者が続いていることを考えると、時代・環境に応じてベストな制度は変わっていることも学ばなければならない。

このような背景があって、様々な人の協力のもと係長である私の企画・設計で、人事制度の変更を行ったのである。まさに理想の姿に近づこうとする「変化」に取り組んだということである。

・旧制度の主な問題点と今後想定される課題

旧制度の主な問題点	今後想定される課題
育成制度が弱い	離職率の増加
評価が一律的	次期リーダー人材の不足
年功的登用制度	営業力、相談力の低下
求める人材像の発信が弱い	競合他社に敗北 収益力の低下

2　新人事制度の概要

(1)　昇進の早期化

これまでは、原則として入職一〇年目以降に一般職から主任になれるという運用方針だったが、新制度では、最短で六年目から主任職に昇進となり、早ければ一一年目から係長に昇進となる。※1 活躍に応じて柔軟に役職を付与することができるようにすることで、総合職職員としての動機付けをしていくことが目的である。

※1　当組合における昇進とは、上位の役職に任命されることである

(2)　マネジメント職に早期任命可能

これまでは、一般職→主任→係長→課長代理→課長（マネジメント職）といったプロセスを経て、おおむね四〇歳位からマネジメント職に到達することが一般的な流れであったが、新人事制度では能力がある職員であれば、三一歳からマネジメント職（課長、副支店長等）に就けるようになる。これにより、様々な年齢層から職員の特性に応じて、マネジメント職を抜擢することができる。

(3)　能力定義の明確化（自薦の昇格制度等）

当組合では、職員の処遇制度に職能資格制度を採用している。この制度は、職員を能力に応

じて等級付していく制度である。※2 例えば、「通常業務を適切に遂行できる能力レベルなら」三等級、「自ら主体となって業務遂行でき、かつ部下に業務を教えることができる能力なら」四等級、といった形である。

※2 当組合における昇格とは、上位の等級に任命されることである。等級が上がれば、基本給の一部（職能給）が上がることになる。

職能資格制度のメリットは、役職ではなく能力で職員を処遇することができるので、ポジション数の関係などで役職を付与できない能力者にも、一定の処遇を与えることができるため、人材が確保しやすい等がある。一方、デメリットとしては能力の判定が非常にむずかしいため、「〇歳になったら昇格」といったように実質的に年功的な運用になりやすいことがある。

年功的な運用が一概に悪いわけではないが、年功的運用にそぐわない状況にある時は、デメリットとして働いてしまうことがあり、当組合においてはややデメリット傾向に働いていた。そのため、年功的になりにくい能力の定義を明確化した。

新能力定義は、「①役職における業務遂行力、②資格保有要件、③自薦の面接通過、④年数」の四つである。この四つの要件をすべて満たすことにより上位の能力が認められることになるようにしたのである。

(4) 役付手当の変更

様々な世代の職員が、マネジメント職に就けるようにしたこともあり、マネジメント職を実際に担っているということを、これまで以上に重要視するために管理職の役付手当を増額した。

(5) 評価結果を相対考課

職員間のパフォーマンスには差があるのにも関わらず、九割の職員が同じ評価となってしまう状況があり、それが職員のモチベーションの低下につながっていた。この状況を変えるために、人事考課結果の点数による相対考課を導入した。これにより所属部署・支店単位で必ず最終評価が、五段階に分かれることになった。

(6) 具体的な目標及び評価基準設定とその結果に基づく考課の徹底

点数による相対考課を導入したことに伴い、人事考課結果につながる目標設定についても見直しをおこなった。主な変更内容は、目標設定に「内容の具体性と評価基準の設定」を求めることである。例えば「人事制度の変更」という業務が大きな目標ならば、「人事制度を変更します」というような抽象的な目標設定ではなく、「いつまでに何をどこまで実施するか？」と評価基準を設定する。

このように、まず何をやるかを決め、実施プロセスを「見える化」し、達成数がここまでできたらこの評価になる、といった目標設定をするようにしている。これに行動評価を加算したものが最終評価となる。

・目標設定の例①

何を行うか?	○○制度の導入
どのように行うか?	①○○月までに制度案を完成させる ②○○月までに職員説明を実施する ③○○月までに役員会を通過する ④○○月までに○○制度の導入を目指す
評価基準	達成数　4つ(+)　3つ(±)　2つ以下(－)

・目標設定の例②

何を行うか?	共済新規推進活動
どのように行うか?	①声掛け・電話・訪問活動を○件以上 ②○件以上の見積書による提案 ③新規契約○件以上獲得 ④新規契約○○件以上獲得
評価基準	達成数　4つ(+)　3つ(±)　2つ以下(－)

(7) 考課者と被考課者の目標設定面接・フィードバック面接の実施

目標設定面接及びフィードバック面接については、以前から実施する決まりにはなっていたが、形骸化している事例が多く確認された。そのため再度、面接及びフィードバックの実施を徹底してもらうようにしている。というのも、前項の目標設定は、組織やチーム全体の最適化のために何ができるかを各自で考え、目標の内容を決めることが重要となり、それを行うことで、職員の目標達成意識や自主性が育まれることが一つの狙いだからである。

それには、考課者が一方的に目標を部下に落とすだけではなく、上司と部下が、しっかりコミュニケーションを取り、協議の上で決定することが大変重要となる。そのような目標設定面接を行ってもらうように働きかけている。

以上が、ＪＡ東京中央の新しい人事制度の主な内容である。

感じ方は人それぞれであるが、新しい人事制度は目標の具体的設定、昇格時の自己アピールや資格要件などを重要視しているため、「目的意識が強くない」「自己表現は苦手」「専門知識の習得にはあまりモチベーションが湧かない」という職員にとっては、厳しく感じてしまう部分もあると思う（この点に関しては今後さらなるサポート体制を考えていく必要がある）。

しかし、時代や環境は変化しているのに、自身の変化を模索せず現状維持を続けることは、時代の流れに乗り遅れ、それだけで退化につながるようなことにもなりかねない。新制度ではこのような考えのもと、今までにない「変化」の導入に踏み切ったのである。

当たり前のことだが「変化」には壁がつきものである。読者の中にも職場の「変化」に取り組んでいる多くの方は、様々な壁に突き当たり悩んでいることと思う。私はＪＡグループの将来のために、もっと「変化」に取り組む人材が増えてほしいと考えている。個々の職員にとっても、主体的に「変化」に取り組むことは、仕事のやりがいにつながると思う。職員の方々には失敗を恐れず、果敢に「変化」に取り組むことをすすめたい。

第3章

「変化」のための九つの重要ポイント

本章では、「変化」にとって重要なポイントとその向き合い方を紹介していきたい。前章同様、人事制度変更の事例をもとに紹介しているが、物事の提案の仕方、意見の受け止め方、専門知識の重要性、長期目標に対する取り組み方等について、特に中堅職員の方の業務に応用できるところは大いにあると思っている。

重要ポイント1　提案の方法について

企画が進まない理由としてよく聞かれるのが、「上に提案を通すことがむずかしい」ということである。確かに原因の一つであるかもしれない。私も何かの提案をした際、「なかなか提案が通過しないな」と感じたことがあった。皆さんも何かの提案をした時、「思ったより理解を示してもらえないな」と感じたことはないだろうか？

この点については、「立場の違いがあるから当然のこと」と考えるようにしている。というのも、上層部には上層部なりの立場がある。様々なリスクに責任を負わなければならず、多方面から物事を見なければならない。そのうえで、何かを決断することは非常に大変なことであり、その苦労は、下の者にはなかなか計り知れない。そう考えれば、部下の提案がすぐに採用されなくても何ら不思議なことはないのである。

　また、こういった時、提案する部下側は「攻め」の姿勢が強いが、提案を受ける上層部は「守り」の姿勢が強くなるものである。この立場と姿勢の違いこそが、組織運営にとって牽制が効いている状態であり、健全であると思っている。立場上、視野が狭い部下側からの意見を何でも聞いていたら、組織にとっては大きなリスクを抱える可能性がある。部下からの提案は、どうしてもこの部分が見えづらいため、部下は「正論を話しているのだから理解してくれて当然であろう」という意識になりやすくなり、ある意味で盲目的にもなりやすい。しかし、部下側がこの意識のままでは、上層部の理解は得られず、結局、何も変わらないことになってしまう。

　ボトムアップで何かの提案をする場合は、できるだけ上層部の置かれている状況や苦労に対して想像力を働かせ、何が変化のネックになっているのかを考える必要があり、それを提案内容に反映させる必要がある。

　例えば、当組合の人事制度変更の事例では、当初自分の提案した内容は一部処遇に非常にメリハリのある内容も含まれていた。しかし、この提案は結局採用されることはなかった。似たようなことを実践している企業もあるので、特段おかしな内容ではないのだが、今まで大きな変更をしてこなかった当組合では、現実的に受け入れられそうなものでなく、どのように考えても理事会等の公式な意思決定の場で可決されるような内容ではなかったのである。

　上層部の立場から見れば、この「公式な意思決定の場で通らないだろう」ということも不採用理由の一つだったのではないかということである。というのも、上層部同士の議論を聞いていると、制度の善し悪しについての議論と同時に、「どのように理事会を通すか」、「どのように幹部職員に納得してもらうか」等の現実的な議論が多いことからもわかることである。

理事会等の意思決定機関を通らなければ、いくら一生懸命制度を作っても意味がなくなってしまう。また、幹部職員の方たちにも、ある程度理解していただけないと新制度はうまく定着しない。上層部の方達は、そこまで想定しながら物事を考えているということである。部下側の狭い視野からは、なかなか見えづらいことであるが、非常に広い視野に立ったうえでの考え方なのである。

このように、上層部の置かれている状況や苦労は必ず存在するものなので、それに対して想像力を働かせると、物事が進みやすくなる。そのように物を考えるには、上司や経営陣が普段から何をしているのかをできるだけ理解するようにしたり、自らも、普段から積極的に一つ二つ上を見た仕事の取り組みを心掛けていけばいいのではないかと思う。もし可能であれば、経営会議や支店会議などに参加させてもらったり、権限委譲等を柔軟に実施するなどもいいと思う。また、最終的に責任を取らなければならないのは上司や経営陣なのであるから、感謝の気持ちは常に持ち続ける必要がある。そのような心持ちを続ければ、上層部もボトムアップからの提案に理解を示してくれやすくなるのではないだろうか。

重要ポイント２　周囲の方々からの意見

新しいことに取り組めば、周囲の方から意見をいただくことがある。私自身も新人事制度の導入にあたり、職員の方々からいろいろな意見をいただいた。当初は、「できるだけすべての意見を制度に反映させるかどうかの返答ができればいい」という気持ちで取り組んでいたが、「どうやら正論が正しいわけでもなさそうだ」と感じるようになってきた。というのも、意見の一つ一つをじっくり精査していくと、大きく分けて「制度的な意見」と「心情的な意見」があることに気が付くようになったからである。ここでは二つの意見の違いと受け止め方を紹介したいと思う。新しい「変化」に取り組んで周囲から意見を受けた時の参考にしてみてほしい。

(1)　制度的な意見

> **【制度的な意見の例】**
> 当組合では、求められる人物像や各役職に求められるスキル基準等が大まかにしか設計されていない。この状況では、目標設定時に職員間の平等性を持たせることはできず、人事考課の納得性が弱い。だから、勤続年数や役職に応じた職務基準書を明確に定めるべきだ。

「制度的な意見」は、「具体的な問題の指摘」と「こうすればいいという代替案」がセットになっている意見である。

さらにこの意見には続きがあり、これならば当JAでも導入可能なのではないかという極めて具体的な職務基準書が設計された案がセットで出てきたのである。当案を反映することができれば人事制度は、よりよくなるものだと思えるようなものであった。結果としてこの案は、時間、作業量の問題で新制度に反映することはできなかったが、極めて具体的で実効性の高い当案は今後の制度の見直しに際し、反映していくべきであると考えている。

このような具体的な問題指摘と代替案がセットになっている意見は、「制度に反映すればどういう効果があるか?」「どうすれば制度に反映できるか?」というスタンスで受け止めなければいけないと考えている。また、議論をする時も、制度の根拠や内容の合理性を軸に進めるといいと思う。

「制度的な意見」についての議論は、時に激しくなることもあるが、組織を良くしようという相手の想いをできるだけ理解し、制度に反映していけるよう受け止めることが重要だと思う。

(2)　心情的な意見

> **【心情的な意見の例】**
> 組織風土的に職員間の評価に差をつけないでほしい。頑張っている職員はもっと評価するべきだ。

「心情的な意見」は、意見の本質が制度内容に対してではなく、心情的にどう感じているかが、強く表れているものである。特徴として、やや抽象的、批判的な傾向になりやすいことがある。

この例は、当組合で新人事考課制度を導入するにあたり、相対考課を実施して「今までより評価にメリハリをつける」ことに対していただいた意見である。しかし、「頑張っている人を評価する制度」にすれば、それはある人をほかと比べて、より高い評価をつけるということになる。それはある人ではないほかの人の評価が相対して下がる、ということでもある。そのためこの意見は、簡単に制度に反映できるものでもなく、具体的に制度を設計することも非常にむずかしいのである。このむずかしい点に関していくら説明しても、なかなか理解をいただくことができないのである。

なぜ、なかなか理解がいただけないのかと考えると、それはこの意見が、制度に対しての具体的な意見ではなく「心情的な意見」であるからだと思っている。おそらく、理屈では理由を理解していただいているかもしれないが、新制度に変更するにあたり不明点があったり、不安等で気持ちの上で、受け入れることがむずかしいということではないだろうか。

このような「心情的な意見」に対しては、制度に反映させることを優先的に考えるのではなく、より対話を重ねたり、不安や不透明さをなるべく解消できるような地道な働きかけが必要であると考えている。何か新しいことを行う時は、「相手にどうすれば安心感をもってもらえるか?」を考えなければいけない。「心情的な意見」が多く出るということは、「説明や対話が足りていないのかもしれない」「気持ち的な部分の配慮が必要なのかもしれない」と受け止める必要があると思う。

以上、人事制度の変更に限らず、チャレンジを行う人は、周囲の人から意見をいただくことがある。時には、批判をされているように感じ、困惑してしまうこともあると思う。そのような時は、冷静な視点で、相手がどのような意図で意見しているのかを判断しながら、「制度的な意見」では制度重視の対応をし、「心情的な意見」では対話重視の対応をしていければいいと考えている。

重要ポイント３　協調性とのバランス

「変化」に取り組むということは、多くの場合、「周りの人がやっていないこと」をやるということになる。「周りの人がやっていないことをやる」と自分が「浮いている」と感じたり、「間違ったことをやっている」ような感覚になることがある。人と違うことをやっているので、「協調性に反する行動になってしまっているのではないか」と考えてしまうのである。

同じようなことを感じたことがある方もいるのではないだろうか？ そうなると、何となく「やめた方がいいのかな」「おとなしくしている方が楽だな」と考えるようになってしまうものである。

また、「変化」に取り組む人間は、不安な気持ちを抱いて進んでいるものである。そのため、「周りの人は自分のことをどう思っているのだろう」「余計なことはやめた方がいいのかな」などという気持ちになりやすい。協調性を重んじる組織なら、なおさらそんな気持ちになるのではないかと思う。

このように協調性が「変化」のブレーキになってしまうことがある。一方で、職場における協調性はとても重要である。なぜなら、すべて「人と違うことが正しい」となってしまうと、組織として機能しなくなるからである。一定の協調性は規律性でもあり、組織運営として必要なものである。人と違ったことに取り組んで、職場の協調性を乱すような行動をとると、組織の規律を乱すことにもなりかねない。

このように「変化」に取り組む時は、協調性とのバランスという見えない壁と対峙することになる。では、この壁とどのように向き合えばいいのであろうか。

それには段取りを徹底し、みんなで決めた取り組みをすることである。

例えば、当組合の人事制度変更では、まず素案を作成し、それを会議に諮り、組織やチームとして取り組むと決定した。これならば、立派な実施理由があるので、人と違う取り組みをしていても協調性を乱していることにはならない。仮に、組織として取り組むと決定していないにも関わらず、「人事制度を変更するから」という理由で、職員のヒアリングや人事情報の詳細分析等、通常の業務では必要のないことを行うと、明らかに異様な行動をしているように映ることになる。それでは職場の協調性は保てない。だからこそ、開始するにあたり段取りを徹底し、できるだけ周りに働きかけ、理解を得てから取り組むということが大事である。

そこまでしても、はじめはなかなか周囲の理解が得られないかもしれないが、根気強く周囲に働きかけながらＰＤＣＡを繰り返すことが大切なことだと思う。

重要ポイント４　実務経験・専門知識の重要性

まれに企画が走り出してから、途中で頓挫することがある。「せっかくいい取り組みだったのにもったいない」と感じながら、話を聞いてみると、「解決のむずかしい問題があったため、途中で頓挫してしまった」とのことである。途中で頓挫しない企画を実施するには、物事の裏側に潜む問題をよく検討する必要がある。そのうえで、その取り組みがどれくらい困難なことなのかを把握するために、その分野における実務習熟や自己啓発などで専門知識を養い、基礎を固めることが必要になる。

今ある形を変えるには、まず基本を徹底的に知らなければならない。

例えば、当組合の人事制度の変更においても、制度内容・労働法・会計・実務運用などの各分野において、「変更において生じる不利益性の度合いは許容範囲内か？」、「許容できない不利益性についてはどう対応するか？」、「人件費率は適正な数値が維持できそうか？」、「登用制度を変更することにより、等級ごとの人員に大きな偏りは生じないか？」、「制度変更により、人事配置にエラーが生じないか？」、「制度変更に伴い他制度との整合性は崩れないか？」、「給与制度の変更により、実際のオペレーションは対応できそうか？」、「どのように制度内容を説明、定着させていくか？」等々、実務経験や知識がなければ、リスクが大きくて実行に移せないと考えられる問題がいくつもあった。

実際に制度設計をしながらも労働法の学習や様々な事例の調査を続けた。そうしなければ、変更実務に対応することができなかった。このように、既存の仕組みを変更し、新しい仕組みを創造しなければならない時には、実務経験や専門知識は大いに役に立つ。そのうえで、物事の全体像、重要論点、課題を明確にしておくことにより、取り組み計画が途中で頓挫することもなくなるのではないだろうか。

ＪＡの将来を担う職員には、実務経験や専門知識の習得に前向きに励んでいただきたい。日常の業務においては、常に実務上の課題点は何かを考えて取り組み、同時に勉強している専門知識をどのように実務に生かすことができるかを考えて取り組めばいいと思う。

専門知識（主に資格の取得）について、もう少し触れておきたい。

専門知識は、学んだことをどのように実務に反映させせるかを考えることが大事であるが、これには正解がないため、取り組むこと自体が大変むずかしい。さらに、資格等を取得できたからといって、実務への応用方法がひらめくようになるわけでもない。そのため多くの人が、「勉強して資格を取得しても、意味なかった」と感じてしまいがちになる。そのような人は、専門知識の習得（資格の取得等）は、あくまで自分の成長プロセスだと考えてみてほしい。そして、

知識を習得し資格が取得できたら、次はどう実務に生かすかを考えてみてほしい。（下図）

実務に生かすプロセスは、「資格の取得」以上に意識的に労力を割かないとアイデアは浮かんでこないと思う。だからこそ、全力で取り組んでほしいのである。資格の取得で使用した参考書にとどまらず、実務書等を読みながらアイデアを膨らませてほしい。慣れてくれば、案外楽しく感じられると思う。

「勉強して資格を取得しても意味なかった」と感じている方は、この「どう実務に生かすかを考える」プロセスにいたらず「知識習得のプロセス」で止まってしまっている可能性があるのではないか。せっかく「資格の取得」という難関をクリアしたのであるから、次のプロセスへ踏み込んでみてはどうだろう。ＪＡグループに実務経験や専門知識が活用できる人材が増えれば、変化の規模や質はもっと向上すると考えている。

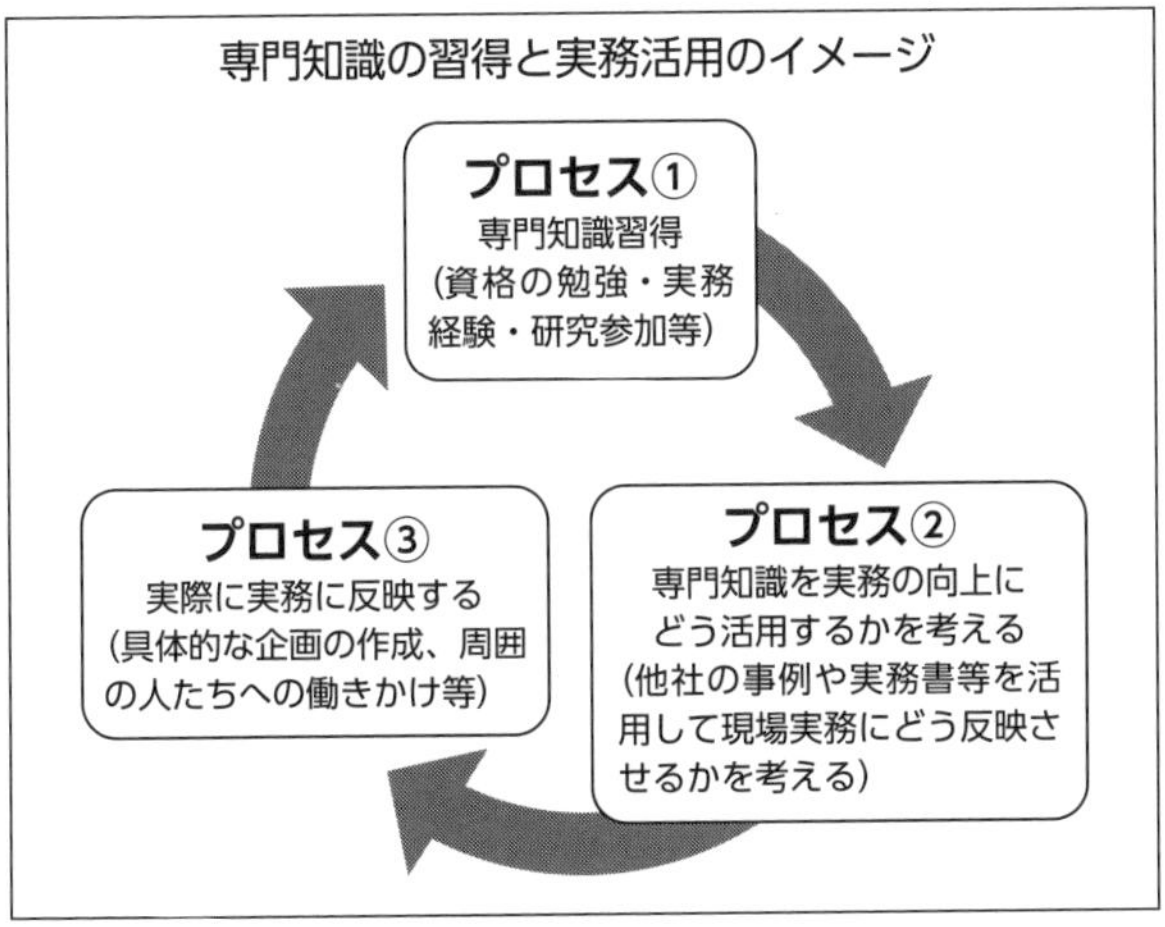
専門知識の習得と実務活用のイメージ
プロセス①
専門知識習得
（資格の勉強・実務経験・研究参加等）
プロセス②
専門知識を実務の向上にどう活用するかを考える
（他社の事例や実務書等を活用して現場実務にどう反映させるかを考える）
プロセス③
実際に実務に反映する
（具体的な企画の作成、周囲の人たちへの働きかけ等）

重要ポイント5　チーム構築の重要性

周りに影響を与える「変化」を起こすことは一人ではできない。一人の能力でできることは限定的である。そのため「変化」を起こすためにはチームを作ることが重要となる。「変化」の規模や質は、変革の実務に関わるチームの大きさと役割分担で決まると考えている。

今回の人事制度変更のようなボトムアップからの提案は、いかに他職員を巻き込み、上司・経営陣に理解をしてもらい、協力体制が強いチームが作れるかがポイントであった。強いチームを作ったうえで、チームのメンバーが役割を適切に果たしていくことで「変化」が実現できるのである。

まず、係長段階で実現可能な具体的制度・運用方法を設計した。この時、ボトムアップによる提案は、具体的施策の内容までプレイヤー段階（係長）で設計することが重要である。なぜなら、管理職層（課長以上）は、その具体的施策を検証することが大事だからである。まれに、「提案したけど採用されなかった」ということもあるが、ほとんどの場合、具体的なことがまったく設計されておらず、大枠や願望だけのことが多い。

それでは、「願望は伝えたので、後は詳細設計も内容検証も両方やってくださいね」と上司に無理難題を押し付けることになってしまう。「できるかはまだわかりませんが、○○の件について具体的な変更案を作って提案したいと思います。もし完成できたら内容を検証して頂き導入を検討してもらってもいいですか？」という感じで提案を進めてみるといいと思う。

当組合では、プレイヤーレベルで設計した新人事制度の素案は、チーム内で何度も会議が行われ、上層部による検証・修正が行われた。このようにして、上層部からの修正案を反映させることで、より現実的な実行性の高い制度案になったのである。実行性の高い制度案を作るためには、内容検証と修正を繰り返すプロセスがとても重要である。この作業は、非常に労力がかかるうえ、俯瞰的な姿勢で物事を見なければならない。だからこそ、膨大な作業を伴う初期の設計段階についてはプレイヤーが行い、検証・修正は管理職以上が行うという明確な役割分担が必要なのである。

次に、管理職以上でないとできないことを説明する。役割分担において非常に重要な点である。それは、組織内部における調整である。プレイヤーには役職上の権限がなく、経験も浅いため上司への説得力に限界がある。制度設計を行っている関係で、説明の場に立ち会うことはあっても、最終的には人事課長・総務部長・担当常務が制度の成否を決定付けることになる。また、制度導入には上層部間での個別的な調整や根回し等が必要となる。

今回の人事制度の変更においても、各段階で上司に内部調整をしていただくことができなければ、間違いなく成立しなかったものである。これらの調整は、上層部に頼らざるをえない。役割に注力してもらうためにも、制度設計などの作業はできるだけプレイヤーが負うべきである。

大きな変化を起こす時は、チーム編成と役割分担、各自の役割遂行などが大変重要となる。

・人事制度変更のチーム編成と役割分担例

役職	主な役割
人事課係長	企画の発案 制度素案の設計
人事課課長	実務ベースでの内容検証 組合内部での交渉 調整
総務部部長	制度大枠の内容検証 組合内部での交渉 調整
総合企画担当常務	決裁 ビジョン発信

重要ポイント6　大きな目標への到達の仕方

新しいことを始めると、取り組む内容が大きければ大きいほど長い期間が必要になる。しかし、取り組み期間が長いといつの間にかゴールを見失ったり、場合によっては、取り組み自体が立ち消えてしまったりする。

これはなにも、仕事だけの話ではなく趣味や自己啓発などにも共通することである。当組合における人事制度の変更業務も、起案から導入の段階だけで約二年という期間を要している。この二年間は、日常業務をこなしながら変更業務を行ったわけであるが、意識をしていないと、どうしても目先の日常業務に重きを置いてしまい、変更業務という「長期的に取り組むこと」を忘れがちになってしまうことがあった。「長期的に取り組むこと」と「日常業務」が両方存在していると、自然と「日常業務」に注力してしまいがちとなってしまうのは私だけではないだろう。

目先の業務をこなしていると、それだけで満足してしまうのである。しかし、何とか「日常業務」に加えて「長期的に取り組むこと」をしなければ、それはなかなか達成できない。

私の場合は、二年間のスケジュールと実行プロセスを徹底的に明確化し分解することにした。こうすれば「長期的に取り組むこと」を「日常業務」に変換できる。これを一つ一つ確実にこなしていくことを自分の人事考課の目標設定に組み込み、「できなければ自分の評価が下がる」「やらなければいけない」という状況にした。

ここまでやれば常に〆切に追われている気になり、日常業務に追われていても人事制度変更のことを忘れることはなかった。こうすると「二年後までに何とかしないといけないな。まだいいや。」ではなく「○月○日までに、会議で素案の決裁をもらわなければいけないから、△月までには、新制度の素案を完成させないといけないな。だから□月までに、課題をまとめないといけないな。」といった感じで具体的になる。このようにすれば、やるべきことを見失いづらくなる。長い期間かけて取り組まなければいけないことを、いつの間にかあきらめていたという経験がある人は参考になるかもしれない。

・スケジュール及び実行プロセスの分解例

いつ	何を	どこまで
〇年〇月	課題仮説の構築	現状の分析及び課題仮説の構築
〇年〇月	職員ヒアリング等	課題加瀬悦の妥当性の確認
〇年〇月	新制度設計	新制度素案の完成
〇年〇月	部内会議	新制度素案の承認
〇年〇月	部内会議	具体的内容の精査
〇年〇月	部内会議	具体的内容の精査
〇年〇月	臨時常勤役員会	人事制度変更への取り組み承認
〇年〇月	法務リスクの分析	専門家を交えての検証
〇年〇月	人件費への影響分析	シミュレーションの実施
〇年〇月	職員説明会資料作成	周知用資料の完成
〇年〇月	職員説明会	全職員周知の実施
〇年〇月	職員アンケート実施	職員の意向調査
〇年〇月	規程変更	規程変更案の作成
〇年〇月	理事会	規程変更の正式決裁
〇年〇月	代表者会議資料作成	周知用資料の完成
〇年〇月	代表者会議	新制度の再周知
〇年〇月	新制度導入開始	

重要ポイント7　企画の正しさについて

「自分が提案した企画が、組織にとって本当に正しいのであろうか？」この悩みが強くなってくると、それが足かせになって、企画を進めることをあきらめることもあるのではないだろうか？それに、周囲の意見も賛否両論があって、なおさら悩んでしまいがちなものである。

「自分の考え方は本当に正しいのか？」と常に自分自身の考えに疑いを持ち、慎重になることはとても重要なことではあるが、あまり慎重になりすぎても、新しい「変化」は起こせない。「変化」を行う時はアクセルとブレーキを自分の心の中に持たなければならない。

ここでは、企画内容の正しさについて、どのように考えるべきなのかを紹介したい。

私の場合は、「絶対的正解はそもそも存在しない。そのため、適切な手続きを経て決定した企画は、まずは正しいものとする。」と考えるようにしている。

例えば、当組合の人事制度の変更については、組合所定の役員会の決議、全職員説明会、意見収集、職員代表者説明会の実施などがそれに該当するものである。さらに、新制度は運用一年後に職員アンケートを実施し、運用する側が職員の意見をフィードバックできるようにしている。基本的には、これをもって新制度は正しいものとして、制度を進めていくように考えている。「絶対的に正解でないとダメかもしれない」と考えるのではなく、まずは適切な手続きを経た上で、意思決定がなされているかどうかということを判断基準にしてもいいと思う。あとは、制度を続ながら、ＰＤＣＡサイクルを繰り返し、改良していけばいいのではないだろうか。また、企画自体が組織全体に影響を与えるほど大きくなく、比較的小規模な場合は、正式な手続きではなく、内部で設けたルールに基づいて「適切なプロセス」を決定した上で、正しいと考えて進めてみてもいいだろう。

重要ポイント８　まずは、自分たちで徹底的に考え抜く

人事制度の変更業務に着手した時、「自分たちだけで考えないで、外部のコンサルタントに依頼したほうがいいのでないか」とアドバイスをいただいたことがある。確かに、それも一つの考え方であり、多くの企業が実践している方法である。

実際に、数名のコンサルタントとお会いしたこともある。話してみると非常に聡明な印象を受けることが多い。提案された制度を取り入れてみる価値は、充分にありそうだと感じることもある。しかし、コンサルタントの提案をすぐに導入するのではなく、まずは、自分たちでやっ

てみることが大事な時もある。外部に頼るか、あるいは自分たちで考えるかは、組織が「変化」していく時に、どこに重きを置くかによって異なるのではないだろうか。外部のコンサルタント等にお願いすれば、すべてが解決するというわけではないと思う。

私自身は、今回の人事制度変更の取り組みは、「自分たちで考えることに価値がある」と感じていた。当事者として、自分たちの言葉でしっかりと制度主旨を伝えていくことに価値があると思った。制度の主旨を考える段階から、すべて外部コンサルタントに頼ってしまうと、どうしても当事者としての気持ちが弱くなり、形だけの制度になってしまう。それでは、現場になかなか浸透しないことになる。特に、「どのような組織にしていきたいか」「どのような人材を育てていきたいか」など、組織の根幹に重きを置く場合は、できる限り自分たちで徹底的に考え抜いて、答えを出した方がいいと思う。例えば、人事制度の変更の取り組みでは、当組合の求める人材像を改めて明確化することにした。

・JA東京中央の求める人材像の例

①配属部署における業務遂行能力を持つ職員
②必要とされる資格・能力・意欲を持つ職員
③各事業の多様化、高度化、環境変化に対応できる企画創造力・実行力を持つ職員
④コミュニケーション能力・協調性・リーダーシップ等の対人折衝力を持つ職員

例からもおわかりいただけると思うが、今後、当組合の正職員はある程度、自律的になることを求められているのである。

「このような人材が育ってもらいたい」と新人事制度を作ったのであるが、自分たちの考えでなかったら「自律的な職員になろう」という言葉にどれほどの重みがあっただろうか。組織の根幹に関することに当事者意識や重みがなければ、制度は浸透せず、形だけのものとなってしまう。組織の根幹に関わる考え方については、まずは自分たちで徹底的に考え抜いてみることが大事ではないだろうか。

現在、運用を開始している新人事制度では、支店・部署代表者に集まってもらい人事制度検討会議を実施し、今後の人事制度の方向性を一緒に考えることで、「自分たちで考え抜くこと」をさらに進めている。ここで決まった内容が、今後の人事制度に反映させていければといいと思う。

このように、重要なことを自分たちで徹底的に議論できる組織にしていくことができれば、組織として強くなれるはずである。そのうえで、細部の設計や研修の実施等について外部の力を借りた方がよりよくなりそうな場合については、コンサルタントにお願いすればいいのではないだろうか。根幹に関わる重要な事項については、まず、自分たちで徹底的に考え抜いてみよう。これが大切である。

重要ポイント9　比較することの重要性

物事を見る時、どうしても悪いところを意識してしまうことがある。「えっ、あの企画始めるの？コスト高めじゃない。やめた方がいいよ」みたいな感じである。企画業務において一〇〇点満点を目指すことはいいことではあるが、一〇〇点満点はなかなかむずかしい。

物事の善し悪しは、比較することにより、フラットに近い考え方で判断できるのではないかと思う。当組合の新人事制度においても問題点を指摘していただくこともあるし、以前の制度の方がよかった部分もあるかもしれない。しかし、大事なことは、「一部悪いところがあるから、すべてがだめな制度だ」と考えるのではなく、新しい制度の導入前と導入後を総合的に比較してみることである。

新人事制度でも、以前と比べて決して悪くはなっていない。少なくとも離職率、職員の満足度、資格の取得状況、人材の充足度、配置・登用の柔軟性、個々の目標設定の質等は向上している。結果として、やはり実施したほうが良かったことになる。まだまだ、個々の職員の肌感覚には反映されないかもしれないが、人材の充足度・配置・登用の柔軟性が、さらに機能してくれば、より働きやすいと感じ、個々の職員もプラスの変化が得られるかもしれない。それは、今後の取り組み次第である。

物事を判断する際の基準として、「やらなかった場合とやった場合の比較」「A案とB案の比較」のようにメリット、デメリットを比較し、判断すればいいと思う。

以上が、人事制度の変更に取り組むことで学んだ「変化」の九つの重要ポイントである。業務上のいろいろな場面で「変化」が必要になった時に参考にしてほしいと思う。

最後に

ＪＡの職員のみなさんには、「職場環境は与えられるものでなく、自分で作るものだ」と考えて行動してみてほしい。

もちろん、組織側も快適に働けるための環境を整えることは必要だが、本当に働きやすい職場環境とは、自分自身が納得し、やりがいを持って働ける職場ではないだろうか。そのような職場環境は、自分で考えて行動しないと手に入らないことが多いのではないか。

そのためには少しでも現状を変えて、よりよい環境を作る「変化」が必要である。

職員全員が、自分にできる範囲を意識しながら「変化」を続けることができれば、ＪＡグループはこれまで以上に、よりよい組織になるのではないだろうか。

あとがき

今回、大変微力ではありますが、ＪＡ東京中央での人事制度の変更の取り組みをもとに「変化のすすめ」について、私なりの考えを紹介させていただきました。最後まで、本書をお読みいただきありがとうございます。

本書の出版にあたり、ＪＡ東京中央の役員・上司・同僚のみなさまをはじめ多くの方々にご協力をいただきました。特に、浜田組織広報室室長には本書の企画段階から多大なサポートをいただきました。この場をかりて感謝申し上げます。

私は、今後もＪＡグループが農業者・地域社会・職員から、大切に感じてもらえる組織であってほしいと考えています。そのためにも、本書で紹介した事例だけでなく、全国のＪＡ職員のみなさんと様々な情報交換を行い、ＪＡグループ内で協力して、お互いを高め合うことができればいいと思います。

ご興味、ご関心がございましたら、お気軽にご連絡ください。また、ご意見、ご質問等も、ぜひお聞かせください。

令和四年五月　　　　　　　　　　　　　　　　槌谷　滋

著者紹介

JA東京中央　槌谷　滋

経歴：平成19年度　入職　矢口支店　貯金担当
平成20年度　矢口支店　業務推進係
平成26年度　本店　人事課

資格：1級FP技能士・日商簿記1級・第2種衛生管理者　等

組織を変える変化のすすめ
～新人事制度の取り組みでわかった九つのポイント～

2022年6月1日　第1版　第1刷発行

著　者　槌谷　滋

発行者　尾中　隆夫

発行所　全国共同出版株式会社
〒161-0011 東京都新宿区若葉1-10-32
TEL. 03-3359-4811　FAX. 03-3358-6174

印刷・製本　株式会社アレックス